冰食纪

台式冰品遇见法式果酱,
蓝带甜点师的纯手工冰点

于美瑞 著

河南科学技术出版社
·郑州·

推荐序

夏天果酱冰品DIY 放心指数最高

"家里的水果怎么都不见了？"那天，媳妇在家里找不到水果，她后来发现，原来家里的水果都被我拿来做果酱了。自从我看了于美瑞老师的食谱书《果酱女王》之后，对于做果酱充满好奇，所以，好一阵子，家里的水果都进了厨房，成为我做果酱的材料。

后来有机会认识了于老师，几度和她讨论手工果酱，发现她是位很积极认真又有创意的老师。有一次，我建议她以"中式养生系列"为果酱主题，把黑白木耳、枸杞、红枣等对身体保健极有帮助的材料运用在果酱中。没多久，她就做出来请我试吃，我非常高兴——祝贺她在果酱的领域，把中西的材料和技巧运用得如此自如、融会贯通。

她自创的黑白木耳酱及枸杞苹果酱都很成功，如果想要木耳酱味道更好，我建议加点龙眼干肉，而这两款果酱，都具有不那么甜又有益于健康的特色。此外，最令我惊艳的一款是玉荷包覆盆子果酱，我很爱吃玉荷包，也很喜欢浆果类，没想到，这两种水果搭配起来这么好吃，我认为，这个口味推销到国外，都有很强的竞争力。另外，运用夏天盛产的西瓜，做出能够直接用在冰品上的西瓜酱，真是个好主意。好像不管什么水果，到了于老师的手上，都能把最好的水果味道显示出来。

其实，对我来说，吃果酱是吃点心，不算是正餐，而且西式的果酱甜度太高，我不喜欢，所以，我也不断在想把西式果酱转成中式果酱的方法。例如做出半甜半咸的果酱口味，以适合国人吃早餐的习惯，养生果酱则是降低甜度，增加中式养生材料。对于我们这种爱研究吃的人，不断思考其中的搭配和变化，真是生活中非常大的乐趣。这也是我非常爱和于老师谈果酱的原因。

很高兴看到于老师又新出果酱食谱书《果酱女王之夏日冰爆》，其中许多果酱是和冰品搭配的。今夏有这本食谱书，自己在家里做的冰品和果酱，应该是"放心指数"最高的了，愿大家和我一样，做得开心。

美食达人 蔡辰男

自序

冬天的巴黎

去年冬天让我飞回巴黎的原因很多，其一是法国面包，当然还有在巴黎开设面包店的Hassan先生。Hassan先生太了解我了，给我的见面礼是一根新鲜出炉的棍子面包，我用力地咬下一大口面包，感觉真正回到巴黎了。

重返巴黎，心情是轻松的，无法和过去在蓝带学艺严格的日子相比。在这期间，我特别拜访了巴黎许多新开的甜点店，回台湾时，行李箱被数个果酱专用铜锅及超过20瓶的手工果酱塞到爆，这个冬天对我来说非常甜美。

久违了，蓝带

毕业两年后，第一次回母校探望蓝带的主厨们。大清早有许多学生陆续进入校园，对校园那么熟门熟路的只有像我这种毕业生，推开蓝色字样的玻璃门，顺利直奔位于地下室的备料厨房，眼前的助手群在忙碌工作中，不久，首席主厨下楼来到备料厨房，"Bonjour Chef"，我主动和首席主厨打招呼，首席主厨看见我，睁大眼睛露出惊讶不已的表情(幸好没被我吓出心脏病来)，因为事先毫不知情，我这一招真的把大家给吓了一大跳。

首席主厨亲切地问候我，并希望我能留下来参加中午的聚餐，接着，我跑上跑下，穿梭在每一间厨房，久违了的主厨们，每一位见到我便立刻喊出我的名字，并以我的书为荣，对我这个非常"蓝带"的人来说，心中的大石头总算放下。

蓝带学校负责营销的Sandra小姐与我餐叙时，特别跟我提到可以再出版一本法式果酱和法国干酪的书，而我也一直朝这个方向思考、努力和实验，没想到，先出版了一本果酱与冰品的书。

冰品与果酱家族

小时候，吃刨冰对我来说，是暑假的重头戏。每天下午三点钟一到，我的下午茶时间就是吃刨冰。从四果冰、红豆牛奶冰、绵绵冰、花生玉米冰到后来的雪花冰，直到后来珍珠奶茶的出现，"刨冰"这两个字才被冷冻起来。

这次将果酱家族与冰品结合，我想，除了说明果酱的几种吃法之外，也介绍一些常见的处理水果的法式手法，希望这本书能成为今年夏天实用又消暑的"冰品"，谢谢大家。

目录
CONTENTS

- 005　台式冰品 vs. 法式果酱
- 006　认识糖浆
- 007　认识冰品
- 008　法式手工果酱DIY
- 010　苹果果胶DIY

单元1
果酱刨冰 Granité

- 014　辣椒苹果果泥 + 蜂蜜椰子炼乳刨冰
- 018　芒果果泥 + 香草炼乳刨冰
- 022　椰汁香蕉柳橙果泥 + 可可奶酱刨冰
- 024　玉荷包覆盆子果泥 + 伯爵茶奶酱刨冰
- 028　金橘果冻 + 香草炼乳刨冰
- 030　糖浆姜汁南瓜 + 香草炼乳刨冰
- 032　桃接李果泥 + 普罗旺斯炼乳刨冰
- 036　红色莓果果泥 + 焦糖炼乳刨冰
- 038　菠萝榴莲果泥 + 香草炼乳刨冰
- 040　甜菊薄荷菠萝果酱 + 草莓桑葚果泥 + 草莓豆浆炼乳刨冰
- 044　玫瑰花瓣草莓果酱 + 栗子炼乳刨冰
- 048　奶油煎芒果菠萝 + 甘纳许刨冰
- 050　糖浆甜蜜桃 + 柑橘果皮碎糖刨冰
- 054　柳橙胡萝卜果酱 + 糖浆葡萄柚与新奇士刨冰
- 058　木瓜果泥 + 香草炼乳刨冰

单元2
果酱冰淇淋 Glace

- 062　红苹果果酱 + 红石榴库利冰淇淋
- 066　芒果百香果库利 + 抹茶冰淇淋
- 068　花蜜柠檬果冻 + 巴萨米克醋库利冰淇淋
- 070　红葡萄果酱 + 樱桃果酱冰淇淋
- 074　蜂蜜西瓜果酱冰淇淋
- 076　覆盆子库利 + 马斯卡波尼奶油酱冰淇淋
- 078　芒果香蕉果酱 + 雪莉醋库利冰淇淋
- 080　草莓库利 + 巧克力冰淇淋
- 082　糖渍紫芋头 + 桑葚库利冰淇淋

单元3
果酱格兰尼塔冰沙 Granité à la fourchette

- 086　绿番茄果酱 + 香草牛奶格兰尼塔冰沙
- 088　新奇士果酱 + 洛神花格兰尼塔冰沙
- 090　焦糖蜂蜜黑白木耳果酱 + 柠檬格兰尼塔冰沙
- 092　玫瑰花菠萝柠檬果酱 + 苹果酒格兰尼塔冰沙
- 094　香草菠萝芒果果酱 + 草莓马鞭草格兰尼塔冰沙
- 096　哈密瓜果酱 + 番茄格兰尼塔冰沙
- 098　枸杞苹果果酱 + 绿茶格兰尼塔冰沙
- 100　菠萝玉荷包格兰尼塔冰沙

单元4
果酱冰饮 Boisson

- 104　苹果果泥 + 大吉岭冰红茶
- 106　柳橙皮红肉柚皮果酱 + 摩洛哥薄荷冰茶
- 108　蜂蜜柳橙葡萄柚果酱 + 伯爵冰茶
- 110　菠萝番红花果酱 + 柳橙气泡水冰饮
- 112　蓝莓果酱 + 阿萨母冰红茶
- 114　菠萝玫瑰花瓣果酱 + 锡兰冰红茶
- 116　李子果酱 + 柠檬气泡水冰饮

- 118　水果配对——漂亮的双色果酱
- 119　果酱Q&A

台式冰品 vs. 法式果酱

如果台式冰品是穿着T恤、短裤、夹脚鞋的热情少女，那么，法式果酱便是穿着背心、短裙、高跟鞋的优雅淑女。每一个淑女心里都住着一个少女，每一个少女都渴望变成一位淑女，就像夏日冰品一样，台式冰品＋法式果酱，什么我都想尝试！

法式水果酱汁煮法分类

	Confit	Confiture	Compote	Coulis	Gelée	Marmelade	Sirop de fruit
果酱分类	糖渍水果	天然果酱	糖煮果泥	水果库利	鲜果果冻	柑橘类果酱	糖浆水果
传统含糖量	80%	80%~100%	10%~30%	40%	100%	50%~70%	75%
做法	将新鲜水果和糖浆一起小火慢煮后保存	新鲜水果加入适量糖与柠檬一起烹煮	新鲜水果整个或切碎再加入少许糖以小火慢煮直到收干	将果泥加糖煮至酱汁般浓稠状态	将新鲜水果加糖与柠檬一同烹煮后将果汁沥出	柠檬、柳橙、柚子类水果带皮加入适量糖一起煮	将煮好的糖浆加入新鲜水果，再浸泡保存
终点温度	107℃	103℃	沸腾	沸腾	105℃	105~107℃	105℃

糖的状态、温度与应用

披覆状	105℃		新鲜水果保存、柑橘类果酱、果泥、朗姆蛋糕 (rum baba)
糖丝	107~109℃		果冻、烤布蕾、水果软糖
硬丝	110℃		糖渍水果、糖渍栗子
软球	115~117℃		软焦糖、炸弹面糊、水果慕斯、意大利蛋白霜
球状	118~120℃		翻糖
硬球状	125~130℃		杏仁膏
小破碎状	135~140℃		软牛轧糖
硬破碎状	145~150℃		糖果、硬牛轧糖
浅黄色	155℃		拉糖
黄色	160℃		拉糖
金黄色	165℃		拉糖
焦糖浅黄色	175℃		牛轧糖、帕林内
焦糖金褐黄色	185℃		焦糖酱
深焦糖色	210℃		深色焦糖

认识糖浆

英文 syrup　法文 sirop

糖浆的功能在于腌渍、湿润,制作甜点时经常会用到,用途很广,包含酱汁、蛋白霜、果酱、蜜饯及糖果等。

基础糖浆成分有两种　　水＋糖
　　　　　　　　　　　糖＋水＋果汁(酒类或风味材料)

做法:
1. 称出水与糖的重量。
2. 将水与糖放入锅中,用耐热塑料刮刀稍为混合。
3. 移到火炉上煮开,将表面浮物捞出,再滚沸约3分钟。
4. 取一个筛网过筛后,放冷后即可使用。

关于糖浆

水 1升	糖	波美度(°Bé)		用途
		冷	热	
	400克	14	18	法式冰沙
	500克	16	19	朗姆蛋糕、蛋白霜、糖浆水果、含酒冰沙、果泥
	670克	18	24	朗姆蛋糕
	700克	20	25	法式冰沙:杏桃、香蕉、覆盆子、红醋栗、梨、水蜜桃、黑醋栗
	800克	21	26	法式冰沙:柠檬、柑橘类、葡萄柚、糖渍水果
	1000克	25	27	糕点用酒糖浆、摩卡、法式海绵蛋糕,镜面果胶、糖渍水果 法式冰沙:杏桃、香蕉、覆盆子、红醋栗、梨、水蜜桃、黑醋栗
	1250克	26	29	糕点用酒糖浆、法式冰沙、蜜饯
	1500克	30	33.3	糕点用酒糖浆、法式冰沙、蜜饯、冷冻糕点、炸弹面糊
	1750克	32	35	水果冰淇淋、法式冰沙、酒糖浆
	2000克	33	37	糖果、蜜饯、糖渍栗子
	2500克	33.5	39	水果软糖、果酱、糖渍栗子、奶油酱、果冻、慕斯、帕林内

以上数据参考 Maîtriser la pâtisserie、Le Livre du pâtissier。

波美度(°Bé)

波美度以法国化学家波美(Antoine Baumé)命名,是计算糖浓度的一种方式,须以波美比重计测量而得。

认识冰品

STORY

公元13世纪末期,马可·波罗从中国回到意大利时,曾经带回的甜点食谱,和今日的冰品做法非常相似。

冰品家族成员主要有三种

1. 冰淇淋 (法文glace、意大利文gelato、英文ice cream)
2. 格兰尼塔冰沙 (法文granité à la fourchette、英文granita)
3. 法式冰沙:水果雪葩、水果牛奶雪葩 (法文sorbet、英文sherbet)

名称	主要材料	糖(以1升水为单位计算比例)	波美度(°Bé) 冷	波美度(°Bé) 热	做法
冰淇淋	乳制品+鸡蛋+糖+水+香料	300克		16	冰淇淋机
格兰尼塔冰沙	糖+水+利口酒	400克	14	18	叉子
法式冰沙(水果雪葩、水果牛奶雪葩)	糖+水果+利口酒 或 糖+鸡蛋+牛奶+水果+利口酒	700克	18	25	POCO JET料理机或制冰机

第一天

1. 芒果与菠萝去皮去核之后切丁；新鲜香草荚先用小刀压平，从中间一分为二切开，再用小刀刀背将香草子刮出来（之后将香草荚、香草子与芒果、菠萝一起煮，装罐前须将香草荚捞出）。

2. 取一口锅，将芒果、菠萝、香草子与香草荚一起放入，挤入柠檬汁，放入糖之后拌匀，盖上保鲜膜腌渍，放入冰箱冷藏一个晚上，主要目的是为了溶化糖，让菠萝与芒果出水并让香草更入味。至少要腌渍4小时。

香草菠萝芒果果酱

菠萝及芒果	1000克(净重)
糖	600克
绿柠檬	1个
新鲜香草荚	1根

 1000克的水果
约使用1个柠檬调整酸甜度

法式手工果酱DIY

第二天

3. 取出腌渍水果,若糖尚未完全溶化,稍微搅拌一下,视锅中水量的多寡加水,水必须淹盖过水果,但不需要一次加太多水,因为未溶化的糖及水果煮时都会再出水。

4. 将果酱锅移至火炉上,以大火煮开,待滚沸后转成小火,但必须保持锅内滚沸状态。

5. 煮果酱时表面的气泡和浮物,可随时使用长柄双层网状匙捞除。

6. 滚沸后,使用温度计测量是否已经达到终点温度103℃,若已达到则必须保持103℃继续熬煮,火可以小一点,避免因水量减少而烧焦。

7. 果酱的煮成时间,须视炉火的大小、水果的分量及水与糖的多寡来决定。水果多,或是水太多、糖分高,都需要延长熬煮时间。一般来说,1000克水果熬煮时间大约为30分钟。

8. 锅中的水果分量会因为熬煮,慢慢浓缩到原来的一半左右,此时水果已呈透明状,酱汁也渐渐浓稠。使用pH试纸测试果酱的pH值是否在3.5左右。

9. 果酱煮好后通常锅中温度还会上升1~2℃,装罐最佳温度为85℃以上,趁热装入果酱罐并倒扣。

完成喽!

5
7
成品

> **point**
> 果酱凝固的最佳温度为 **103℃**,因而将此温度称为 **"终点温度"**。

苹果果胶 DIY

苹果用途很广泛,可用来做果汁、果胶。果胶的作用在于帮助其他水果凝结,其酸甜清香更能增添美味。举凡果酱、果冻、果泥都可以使用苹果果胶,青苹果尤其耐煮,非常适合与甜点一起搭配。

天然苹果果胶

苹果	1000克
糖	500克
水	200毫升
绿柠檬	1个

ps 苹果果胶用量

果酱:约1000克的水果搭配10%~15%果胶。
果冻:约1000克的水果搭配30%~40%果胶。

point 1
判断果酱是否完成

☑ **视觉判断法**
取出少许酱汁,滴在干净的盘子上,冷却后倾斜盘子,盘中果酱没有流动,呈现一整片的凝固状即成。

☑ **冷水判断法**
将适量酱汁滴入水中,呈凝固状态即成。

☑ **黏稠度判断法**
以食指蘸酱汁,手指指尖向下,酱汁呈水滴状,悬挂在指尖约10秒不会滴落即成;或以两指蘸酱汁,手指打开时看见黏丝即成。

做法

1. 苹果洗干净后，擦干，不去皮、不去核，切成8等份。
2. 准备一口铜锅或平底的不锈钢锅，将苹果加糖一起搅拌，熬煮约30分钟，直到苹果变软又透明。
3. 取一个筛网，将苹果果肉过滤出来，可将果肉再压出果汁，滤出来的果汁部分再用纱布过滤一次即可。
4. 若不立即使用，可放入冰箱冷藏，苹果果胶会呈现果冻状。

ps

- 使用苹果果胶时可预先加热成液体状，才不会拖长果酱的熬煮时间。
- 苹果果皮蕴藏果胶质，所以带果皮一起煮能煮出更多的胶质。有些水果的果胶含量少，分量就必须多，如制作无果胶成分的花瓣系列果酱，则须加入等量的苹果果胶。
- 苹果若上蜡，则建议削皮。
- 苹果果胶的作用是充当黏稠剂，一般市售产品普遍为经过萃取的果胶粉（pectin）。

point2
果酱装罐技巧

将玻璃罐与冷水一同放入锅中，滚沸10分钟消毒后，将不锈钢漏斗与瓶盖（内圈若有塑胶不宜久煮）放入滚沸的锅中，之后马上关火。

将玻璃罐与盖子倒放在干净的毛巾上晾干或是使用烤箱将瓶子烤干。

趁热使用大汤匙将果酱通过漏斗装入玻璃罐中，装八九成。

盖紧瓶盖后，倒扣使空气往罐子底层跑，冷却后即可让瓶内形成真空状态。

单元1
果酱刨冰
Granité

清冰（用搅拌机搅成碎冰）+
糖煮果泥Compote / 糖浆水果Sirop de fruit +
炼乳Le lait concentré

糖煮果泥一直深受法国人的喜爱，它是法式甜点的好搭档，拿来搭配冰品呢？以小火慢慢煮的水果，香气散发出独特的诱人魅力，浓缩后带着酸甜味，如同奶茶上的珍珠，人见人爱。台式刨冰的配料很够味，换成法式吃法，除了糖煮果泥之外，糖浆水果也是好搭档，让水果不再是水果，刨冰不再是一碗冰，特别是淋上手工炼乳或自制糖浆，充满法式风情的滋味，是炎炎夏日最佳的享受！

糖煮果泥的基本配方：1000克新鲜水果+100克糖+300克水。

Compote
小故事

Compote 起源于法国 17 世纪,在法式烹饪中,它是由新鲜或干燥水果,加上糖、香料或酒以小火慢慢熬煮而成的。这种糖煮果泥,可以是整个水果,也可以是水果的碎块,总之将水果煮成果泥一般,松软、酱汁浓稠,可佐甜点或鲜奶油且冷热皆宜。据说,最早在犹太新年(Rosh Hashanah)人们已经开始吃糖煮果泥了,犹太人相信新年头两天吃苹果片蘸蜂蜜和糖煮果泥,好运将会持续一整年。

辣椒苹果果泥 + 蜂蜜椰子炼乳刨冰

Compote de pommes au piment &
Lait concentré au miel et noix de coco

蜂蜜椰子炼乳

Lait concentré au miel et noix de coco

 材料

全脂牛奶　1升
砂糖　330克
新鲜香草荚　1根
蜂蜜　300毫升
椰子粉　200克

 做法

1. 将牛奶、糖与新鲜香草荚一起放入铜锅,把铜锅移到火炉上。
2. 以中火煮开后转成小火,保持滚沸状态,捞除表面的结皮。
3. 2小时左右,加入蜂蜜,牛奶的颜色变黄,浓缩至原来的2/3,加入椰子粉,拌匀。
4. 使用木勺取少许滴在白色瓷盘上,冷却后凝结浓稠度佳即可。
5. 关火后,马上装入玻璃罐,或冷却后放入塑料瓶,冷藏保存。

 组合

清冰 + 辣椒苹果果泥 + 蜂蜜椰子炼乳

 STORY

记得我第一次试做手工炼乳,为了迈出成功的第一步,便选择做蜂蜜椰子炼乳,因为蜂蜜和椰子粉有增加浓稠的作用,就算煮得不好也看不出来!哈哈!

辣椒苹果果泥

Compote de pommes au piment

辣椒苹果果泥

Compote de pommes au piment

 材料

苹果　950克（净重）

柠檬汁　135毫升

砂糖　300克

荔枝醋　300毫升

水　200毫升

有机朝天椒　10个

 做法

1. 苹果洗干净，除去核与外皮，切小丁，备用。
2. 将朝天椒对切，刮除子，备用。
3. 将苹果放入大钵中，加上水、糖、柠檬汁和荔枝醋，包上保鲜膜或盖上锅盖放置冰箱腌渍至少4小时，待糖溶化。
4. 将大钵内的水果放入铜锅，移到火炉上，以小火煮开，煮时要不定时搅拌，以免粘住锅底。
5. 30分钟左右，当锅中的酱汁已经浓缩，果肉变熟软后加入朝天椒，持续熬煮直到果泥开始有厚稠感出现后关火，趁热装入果酱罐内倒扣。

 STORY

香草花园的朝天椒结得满满的，摘一点来做果酱。在巴黎试吃过几款辣椒果酱，辣椒果酱理所当然地做成苹果塔，若是加入麻辣锅呢？Why not？

芒果果泥 + 香草炼乳刨冰

Compote de mangues &
Granité à la vanille

芒果果泥

Compote de mangues

 材料

土芒果　500 克

柠檬汁　20 毫升

果糖　25 克

 做法

1　将土芒果去除外皮，片下果肉切成丁。

2　将土芒果、柠檬汁一起放入铜锅，将铜锅移到火炉上，以小火煮开后持续以小火滚沸，捞除表面的浮物与气泡，其间不定时搅拌，以免粘住锅底。

3　当锅中的果肉透明熟软后，持续熬煮直到水分收干、厚稠感出现后关火，加入果糖，趁热装入果酱罐内倒扣。

Tips

果糖的甜度为砂糖的一倍，但加温至 60 ℃以上会减少一半甜度。

 组合

清冰 + 芒果果泥 + 香草炼乳

(香草炼乳做法请参考第 21 页)

 STORY

在国外冰品和糖渍水果的结合，多是用于冰淇淋或做成圣代杯；而在台湾，芒果刨冰则是非常流行的夏日冰品，而这也正是我灵感的来源。

香草炼乳

Lait concentré à la vanille

香草轻炼乳 Lait concentré léger à la vanille

材料

全脂牛奶　1升
砂糖　330克
新鲜香草荚　1根

做法

1　将牛奶、糖与新鲜香草荚一起放入铜锅，把铜锅移到火炉上。
2　以中火煮开后转成小火，保持滚沸状态，捞除表面的结皮。
3　2小时左右，牛奶浓缩至原来的2/3，颜色也渐渐变黄。
4　使用木勺取少许滴在白色瓷盘上，冷却后凝结浓稠度佳即可。
5　关火过滤后，马上装入玻璃罐，或冷却后放入塑料瓶，冷藏保存。

香草重炼乳 Lait concentré à la vanille

材料

全脂牛奶　1升
砂糖　500克
新鲜香草荚　1根

做法

1　将牛奶、糖与新鲜香草荚一起放入铜锅，以隔水加热法，把铜锅放置在有水的锅中移到火炉上。
2　以中火煮开后转成小火，保持滚沸状态，不定时捞除表面的结皮。
3　5小时左右，牛奶浓缩至原来的2/3，颜色也渐渐变黄。
4　使用木勺取少许滴在白色瓷盘上，冷却后凝结浓稠度佳即可。
5　关火过滤后，马上装入玻璃罐，或冷却后放入塑料瓶，冷藏保存。

Tips

- 1升牛奶和500克砂糖，可以浓缩出约720克的炼乳。
- 煮过头的炼乳成品会较硬，反之炼乳则会太稀。
- 煮炼乳要避免使用大火，炼乳应该比牛奶抹酱更加浓稠。
- 炼乳没开罐可室温保存，开罐后要置入冰箱保存。

STORY

手工香草炼乳是最百搭的炼乳，依浓稠度可分为轻、重两类，糖越多、煮越久就越浓稠。轻炼乳没那么甜可以当酱汁，用量也较多，可以像糖浆一样刷在蛋糕体上增加湿度；重炼乳就像精醇露一样，用一点点就够味，也能装饰甜点。

椰汁香蕉柳橙果泥 + 可可奶酱刨冰

Compôte de bananes mandarines et noix de coco
& Crème au cacao

椰汁香蕉柳橙果泥

Compote de bananes mandarines et noix de coco

材料
香蕉 500克
新鲜柳橙汁 100毫升
新鲜椰子汁 100毫升
砂糖 50克
柠檬汁 50毫升

做法
1. 将香蕉去除外皮，用小刀将香蕉由中间横切开，肉切成丁。
2. 将柳橙汁、椰子汁、糖放入铜锅，将铜锅移到炉上，以小火煮开后加入香蕉、柠檬汁，持续以小火滚沸，捞除表面的浮物与气泡，其间不定时搅拌，以免粘住锅底。
3. 当锅中的果肉水分收干、厚稠感出现后关火，趁热装入果酱罐内倒扣。

Tips
有些香蕉对切后中间的子颜色非常深，因不喜欢颜色所以切除；有些香蕉果肉颜色较白，剥除果皮后可以涂柠檬汁来保持原色。

可可奶酱 Crème au cacao

材料
牛奶 1升
砂糖 300克
麦芽糖 80克
可可粉 50克

做法
1. 将牛奶、糖一起放入铜锅，把铜锅移到火炉上。
2. 以中火煮开后转成小火，保持滚沸状态，捞除表面的结皮。
3. 2小时左右，加入麦芽糖，牛奶的颜色变黄，浓缩至原来的2/3，加入可可粉，拌匀即可。
4. 关火后，马上装入玻璃罐，或冷却后放入塑料瓶，冷藏保存。

组合
清冰 + 椰汁香蕉柳橙果泥 + 可可奶酱

Tips
可可奶酱比较稀，当成糖浆淋在清冰上也很好吃。

玉荷包覆盆子果泥 + 伯爵茶奶酱刨冰

*Compote de litchis - framboises &
Granité au thé Earl Grey*

伯爵茶奶酱

Crème au thé Earl Grey

 材料

伯爵茶 (1)　　20 克

伯爵茶 (2)　　50 克

全脂牛奶　1 升

砂糖　330 克

 做法

第一天

1　两份伯爵茶分别装入茶袋中，将伯爵茶 (1) 放入牛奶中浸泡，置于冰箱冷藏。

第二天

2　取出伯爵茶袋 (1)，将牛奶、糖与伯爵茶袋 (2)，一起放入铜锅，把铜锅移到火炉上，以中火煮开后转成小火，保持滚沸状态，捞除表面的结皮或茶渣。

3　2 小时左右，牛奶浓缩至原来的 2/3，颜色也渐渐变黄。

4　使用木勺取少许滴在白色瓷盘上，冷却后凝结浓稠度佳即可。

5　关火后取出伯爵茶袋 (2)，马上装入玻璃罐，或冷却后放入塑料瓶，冷藏保存。

 组合

清冰 + 玉荷包覆盆子果泥 + 伯爵茶奶酱

 STORY

前一晚将茶叶或香料浸泡在牛奶或鲜奶油中再使用，液体与香气就可以达到完美结合。

玉荷包覆盆子果泥
Compote de litchis - framboises

玉荷包覆盆子果泥

Compote de litchis-framboises

 材料

玉荷包　700 克 (净重)

覆盆子果泥　300 克

金橘汁　50 毫升

砂糖　300 克

 做法

1. 玉荷包去皮后将肉剥下，将子去除，果肉切丁和覆盆子果泥一起放入铜锅中，加入糖及金橘汁，将锅移到火炉上以大火加热，稍稍搅拌等待糖溶化。

2. 铜锅以小火持续煮开，捞除锅表面的浮物与气泡，煮时要不定时搅拌，以免粘住锅底。

3. 30 分钟左右，当锅中的水分渐渐减少，酱汁浓缩，果肉变成透明熟软，持续烹煮直到水分变少、厚稠感出现后关火，趁热装入果酱罐内倒扣。

Tips

新鲜覆盆子果泥也可以 DIY，将 100 克覆盆子、10 克砂糖、2 毫升柠檬汁放入搅拌机打碎即可。

金橘果冻 + 香草炼乳刨冰

Gelée de kumquat & Granité à la vanille

金橘果冻

Gelée de kumquat

 材料

金橘汁　1 升
砂糖　1000 克
苹果果胶　60 克

 做法

1　将糖、金橘汁放入铜锅中,把铜锅移到火炉上,以大火煮开后持续以中火滚沸,捞除表面的浮物与气泡,煮时要不定时搅拌,让受热平均。

2　持续保持滚沸 30 分钟左右,当锅中的水分已渐渐浓缩,加入苹果果胶持续熬煮,直到果冻开始有厚稠感出现,达到果冻的终点温度 105 ℃后,关火,趁热装入果酱罐内倒扣。

 组合

清冰 + 金橘果冻 + 香草炼乳 + 碎柠檬皮
(香草炼乳做法请参考第 21 页)

Tips

柠檬消暑降温,喜欢酸一点还可以再挤一些柠檬汁。

糖浆姜汁南瓜 + 香草炼乳刨冰

Citrouille au sirop de gingembre &
Granité à la vanille

糖浆姜汁南瓜
Citrouille au sirop de gingembre

材料

南瓜　600克（净重）
水　1升
砂糖　1250克
姜末　10克

做法

1. 将南瓜去皮去子切成小块，放入锅内，蒸约5分钟，南瓜约五成熟即可。
2. 将水、姜末与糖放入一口小锅中，煮开，糖浆过筛后再加入南瓜，滚沸后将锅马上移开火炉。
3. 趁热装入玻璃罐，南瓜和糖浆各占1/2。

Tips
南瓜煮过头，会造成糖浆混浊，放入玻璃罐中，南瓜会变大变软烂，就没有那么可口啰！

香草盐 Sel aux herbes

材料

香草（如百里香、柠檬薄荷等）　1大把
海盐　200克

做法

1. 新鲜香草叶子洗干净后擦干，切细碎，放入纱布中再拧干。
2. 海盐放入食物搅拌机中，打细碎再加入香草，充分搅拌均匀。
3. 混合物摊放入平盘，使水分蒸发，就可以装罐了。

Tips
把你喜欢的味道做成香草盐，调出属于自己的料理味道，有何不可呢？

组合

清冰 + 糖浆姜汁南瓜 + 香草炼乳 + 香草盐
（香草炼乳做法请参考第21页）

桃接李果泥 + 普罗旺斯炼乳刨冰

Compote de prunes &
Lait concentré aux herbes de Provence

普罗旺斯 炼乳

Lait concentré aux herbes de Provence

材料

全脂牛奶　1升
砂糖　500 克
薰衣草　500 克
大蒜　3 瓣
百里香　5 枝
月桂叶　2 片
新鲜香草荚　1 根
迷迭香　少许

做法

第一天

1. 将牛奶与薰衣草、大蒜、百里香、迷迭香、月桂叶放入大钵浸泡一夜。

第二天

2. 将牛奶过滤与糖和新鲜香草荚一起放入铜锅,把铜锅移到火炉上。
3. 以中火煮开后转成小火,保持滚沸状态,捞除表面的结皮。
4. 2 小时左右,牛奶浓缩至原来的 2/3,颜色也渐渐变黄。
5. 使用木勺取少许滴在白色瓷盘上,冷却后凝结浓稠度佳即可。
6. 关火后,马上装入玻璃罐,或冷却后放入塑料瓶,冷藏保存。

组合

清冰 + 桃接李果泥 + 普罗旺斯炼乳

桃接李果泥
Compote de prunes

桃接李
Compote de prunes
果泥

 材料

桃接李　650 克

水　50 毫升

砂糖　150 克

柠檬汁　1/2 个柠檬量

 做法

1. 把桃接李去核，果肉切丁，将水、糖及柠檬汁一起混合放入锅中。

2. 将锅移到火炉上以小火煮开，捞除表面的浮物与气泡，煮时要不定时搅拌，以免粘住锅底。

3. 20 分钟左右，当锅中的水分渐渐减少，酱汁浓缩，果肉变成透明熟软，持续熬煮直到水分变少、厚稠感出现后关火，趁热装入果酱罐内倒扣。

 STORY

当我第一次听到桃接李三个字，想到的是李子先生赶到机场去接刚从法国旅行回来一身名牌的桃子小姐。红色外皮、黄色果肉，口感清脆且带点酸味，桃接李其实是桃子和李子"生"的"混血儿"。常见的做法是和糖＋南姜一起腌渍，下次换个吃法，做成果酱，当做伴手谢礼，也是个好主意喔！对我来说，桃接李产季短，非得抢做不可，季节过了，还有桃接李果酱陪我慢慢回味夏天的点点滴滴，慢慢陶醉。

红色莓果果泥 + 焦糖炼乳刨冰

Compote de fruits rouges & Granité au caramel

红色莓果果泥

Compote de fruits rouges

材料
草莓　100 克
覆盆子　100 克
红醋栗　100 克
柠檬汁　50 毫升
砂糖　30 克

做法
1　将所有材料一起放入铜锅移至火炉上,以小火熬煮。
2　捞除表面的浮物和气泡,直到水分几乎收干,将锅移开火炉即完成。

焦糖炼乳 Lait concentré au caramel

材料
焦糖
砂糖　200 克
水　少许
鲜奶油　200 毫升
炼乳
全脂牛奶　1 升
砂糖　330 克

做法
1　制作焦糖:将糖与水放在锅中煮到 180 ℃,再加入鲜奶油,做成焦糖酱。
2　制作炼乳:牛奶与糖一起放入铜锅,把铜锅移到火炉上。
3　以中火煮开后转成小火,保持滚沸状态,捞除表面的结皮。
4　2 小时左右,牛奶浓缩至原来的 2/3,颜色也渐渐变黄。
5　加入焦糖酱搅拌均匀,使用木勺取少许滴在白色瓷盘上,冷却后凝结浓稠度佳即可。
6　关火后,马上装入玻璃罐,或冷却后放入塑料瓶,冷藏保存。

组合
清冰 + 红色莓果果泥 + 焦糖炼乳 + 盐之花

STORY
焦糖炼乳的甜香加上莓果的酸,再撒上一小撮盐之花,会让人边吃边笑。

菠萝榴莲果泥 + 香草炼乳刨冰

Compote d'ananas et durian &
Granité à la vanille

菠萝榴莲果泥

Compote d'ananas et durian

材料

金钻菠萝　1000 克 (净重)

榴莲　500 克 (净重)

砂糖　300 克

柠檬汁　70 毫升

柳橙汁　50 毫升

新鲜椰子汁　150 毫升

做法

1. 将菠萝皮和表面的钉眼一同削掉，去心后切成小块，放入锅中以小火烹煮，直到水分收干，菠萝煮软，趁热拌入糖，直到糖溶化。
2. 取一口铜锅，将已去核的榴莲与柠檬汁、柳橙汁、菠萝、新鲜椰子汁混合。
3. 铜锅移到火炉上，以小火先煮开之后，保持滚沸，偶尔搅拌锅底，避免烧焦，直到水分几乎收干，将锅移开火炉，完成。

组合

清冰 + 菠萝榴莲果泥 + 香草炼乳 + 香草盐
(香草炼乳做法请参考第 21 页，香草盐做法请参考第 31 页)

甜菊薄荷菠萝果酱 + 草莓桑葚果泥 + 草莓豆浆炼乳刨冰

Confiture d'ananas avec Stévia-menthe & Compote de fraises-mûres & Granité au lait de soja-fraise

草莓桑葚果泥 Compote de fraises-mûres

 材料

草莓　1000 克
冰糖　200 克
有机桑葚汁　300 毫升
柠檬汁　1 个柠檬量
科尼亚克白兰地酒　少许

 做法

1　将草莓冲一下水快速沥干，去蒂。
2　取一个不锈钢锅（或铜锅）将草莓与柠檬汁混合，加入桑葚汁，将该锅移至火炉上，以小火煮开后持续熬煮，捞除表面的浮物与气泡，煮时要不定时搅拌，以免粘住锅底。
3　当锅内水分减少并开始有厚稠感出现，加入科尼亚克白兰地酒，再煮 3 分钟，关火，趁热装入罐内倒扣。

Tips
法国著名白兰地产区有二，一个是雅马邑区的阿玛尼亚克酒（Armagnac），另一个就是干邑区的科尼亚克白兰地酒（Cognac）。法国干邑地区经过发酵蒸馏和在橡木桶中贮存的葡萄蒸酒才能称为干邑酒。

草莓豆浆炼乳 Lait de soja concentré à la fraise

 材料

豆浆　1 升
砂糖　330 克
新鲜香草荚　1 根
新鲜草莓　100 克

 做法

1　将豆浆、糖与新鲜香草荚一起放入铜锅，把铜锅移到火炉上。
2　以中火煮开后，转成小火，保持滚沸状态，捞除表面的结皮。
3　2 小时左右，豆浆浓缩至原来的 2/3，颜色也渐渐变黄。
4　使用木勺取少许滴在白色瓷盘上，冷却后凝结浓稠度佳即可。
5　关火后，马上装入玻璃罐，或冷却后放入塑料瓶，冷藏保存。
6　草莓冲水沥干去蒂，使用前将草莓与炼乳混合即完成。

Tips
用炼乳的煮法来做豆浆炼乳，这样就解决了有些人不能喝牛奶的问题。

 组合

清冰 + 甜菊薄荷菠萝果酱 + 草莓桑葚果泥 + 草莓豆浆炼乳

甜菊薄荷菠萝果酱
Confiture d'ananas avec Stévia - menthe

甜菊薄荷菠萝果酱

Confiture d'ananas avec Stévia-menthe

材料

菠萝　1000 克 (净重)

砂糖　200 克

黄柠檬汁　2 个柠檬量

甜菊　1 大把

薄荷　1 大把

苹果果胶　200 克

做法

1. 将菠萝皮和表面的钉眼一同削掉，去心后切成小丁放入铜锅，以中火煮开，再转小火煮约 20 分钟或者菠萝汁浓缩至接近收干。

2. 加入糖与柠檬汁混合，持木匙混合均匀等候砂糖溶化。

3. 将甜菊、薄荷放入大型纱布袋绑好，一起放入锅中。

4. 将锅移至火炉上以中火煮开，再转中小火保持滚沸，捞除表面的浮物与气泡，煮时要偶尔搅拌，以免粘住锅底。

5. 约 30 分钟，将甜菊、薄荷纱布袋挑出，加入果胶，当锅内有浓稠感出现，达到果酱的终点温度 103 ℃后关火，将果酱趁热装入果酱罐内倒扣。

STORY

甜菊又名芳香万寿菊，有着百香果与罗勒的香气。薄荷的清凉味和甜菊的甜味，与菠萝搭档更丰富了果酱的滋味。

玫瑰花瓣草莓果醬 + 栗子煉乳刨冰

Confiture de fraises aux pétales de rose &
Granité aux marrons

栗子炼乳

Lait concentré aux marrons

 材料

无糖栗子泥　500 克

糖粉　20 克

全脂牛奶　1 升

砂糖　330 克

新鲜香草荚　1 根

 做法

1. 将栗子泥加糖粉一起放入搅拌机，用扇形搅拌器以慢速打 10 分钟。
2. 将牛奶、糖与新鲜香草荚一起放入铜锅中，把铜锅移到火炉上。
3. 以中火煮开后转成小火，保持滚沸状态，捞除表面的结皮。
4. 2 小时左右，牛奶浓缩至原来的 2/3，加入栗子泥，牛奶渐渐变稠。
5. 使用木勺取少许滴在白色瓷盘上，冷却后凝结浓稠度佳即可。
6. 关火后，马上装入玻璃罐，或冷却后放入塑料瓶，冷藏保存。

 组合

清冰 + 玫瑰花瓣草莓果酱 + 栗子炼乳

玫瑰花瓣草莓果酱

Confiture de fraises aux pétales de rose

玫瑰花瓣草莓果酱

Confiture de fraises
aux pétales de rose

材料

新鲜玫瑰花瓣　500 克
草莓　500 克（净重）
草莓果泥　100 克
砂糖　300 克
柠檬汁　1 个柠檬量
苹果果胶　300 克

做法

1. 将新鲜玫瑰花瓣洗干净后，稍微风干，使用刀子将花瓣尽量切细碎。
2. 将草莓洗干净后，去蒂，切成 1/4 大小，与玫瑰花瓣一同放入大钵中，加入糖与柠檬汁一起混合，放入冰箱浸渍一夜。
3. 铜锅洗干净后，将玫瑰草莓从冰箱取出至常温，与草莓果泥一起放入铜锅中煮开后关成小火，锅中的果酱维持滚沸状态。
4. 不断捞除表面浮沫，并注意搅拌预防锅底烧焦。加入苹果果胶，煮到 105℃，达到果酱制成的终点温度后关火。
5. 关火后，马上装入玻璃罐，或冷却后放入塑料瓶，冷藏保存。

草莓果泥 Purée de fraises

材料

草莓　100 克
欧芹（parsley）　1 把
砂糖　10 克
柠檬汁　1/2 个柠檬量
水　少许

做法

将以上所有材料放入搅拌机，充分搅拌后过筛，放入冰箱冷藏备用。

奶油煎芒果菠萝 + 甘纳许刨冰

Ananas-mangues poêlées au beurre &
Granité au ganache

奶油煎芒果菠萝 Ananas-mangues poêlées au beurre

材料

芒果　2 个
菠萝　1/2 个
奶油　50 克
砂糖　20 克
柠檬汁　少许
豆蔻　少许
香草荚　1/2 根
碎柠檬皮　少许
碎柳橙皮　少许

做法

1　芒果及菠萝去皮去核后切成四方体的大丁，大小一致。
2　取一个平底锅，将奶油熔化，加入砂糖、柠檬汁、少许豆蔻、香草荚、碎柠檬皮及碎柳橙皮。
3　接着加入芒果、菠萝丁，以小火慢炒。
4　直到芒果及菠萝呈现闪亮金黄色，收汁，即可移开火炉，备用。

甘纳许 Ganache

材料

鲜奶油　200 克
牛奶　50 毫升
黑巧克力（70%）　250 克

做法

1　将鲜奶油与牛奶倒入铜锅中，置于火炉上煮开。
2　将黑巧克力放入一只大钵，倒入煮开的鲜奶油。
3　使用打蛋器从中间开始以顺时针方向搅拌，直到混合均匀并且无结粒。

组合

清冰 + 奶油煎菠萝芒果 + 甘纳许

糖浆甜蜜桃 + 柑橘果皮碎糖刨冰

Sirop de pêche &
Granité aux zeste d'orange

柑橘果皮碎糖

Sucre au zeste d'orange

 材料

黄柠檬　1个

绿柠檬　1个

新奇士柳橙　1个

砂糖　适量

 做法

1　用果皮刨刀分别将三种水果刨出果皮碎屑。

2　将果皮碎屑与等量的砂糖混合。

3　放进烤箱，50℃低温烘干。

4　将烘干的果皮碎屑及糖放入玻璃罐密封保存。

Tips

- 糖的风干程度要以手触摸至干燥不粘手即可。
- 可以利用烤箱余温放置一晚。
- 温度要低于70℃，否则果皮会变色、走味。
- 适合当成风味糖加入茶饮及冰品中。

 组合

清冰 + 糖浆甜蜜桃 + 柑橘果皮碎糖

 STORY

法式甜点常使用柑橘类的水果皮制作成碎糖来添加想表现的风味，做点碎糖放在冰品上做装饰，何不试一试呢？出奇的香气加上清爽的清冰，定能赢得大家的喜爱。简单的做法 + 简单的食材 = 我的最爱。

糖浆甜蜜桃
Sirop de pêche

糖浆甜蜜桃
Sirop de pêche

 材料

甜蜜桃　500 克

砂糖　1000 克

水　600 毫升

朗姆酒（rum）　60 毫升

香草荚　1 根

 做法

1. 煮一锅开水，将甜蜜桃放入烫约 10 秒，捞起泡入冰块水中，将桃子去皮去核切成花瓣形。

2. 将砂糖、水、40 毫升朗姆酒、香草荚全部放入锅中，移至火炉上以中火煮开，煮好糖浆后将锅移开，再加入 20 毫升的朗姆酒，之后将桃子放入。

3. 将桃子糖浆放入密封罐盖紧盖子，再准备一口大锅注入水，须淹盖住罐子，放入桃子密封罐以中火煮沸持续 30 分钟，取出即完成灭菌。

Tips

● 不能使用水分太多的桃子，否则煮的时候果肉就会散掉。

柳橙胡萝卜果酱 + 糖浆葡萄柚
与新奇士刨冰

Confiture d'oranges et carottes &
Granité au sirop de pamplemousse-orange

糖浆葡萄柚与新奇士

Sirop de parmplemousse-orange

 材料

新奇士柳橙　5 个

葡萄柚　5 个

砂糖　1300 克

水　1 升

柠檬汁　2 个柠檬量

豆蔻粉　少许

香草荚　1 根

香茅　2 根

肉桂　1 根

柠檬皮　少许

柳橙皮　少许

 做法

1　将新奇士柳橙与葡萄柚的果肉切片，果汁挤出备用。

2　将果汁、糖与水一起放入铜锅中煮开，并加入柠檬汁、豆蔻粉、香草荚、香茅、肉桂、柠檬皮、柳橙皮，一起煮开，移开火炉，将果肉放入糖浆中浸泡，盖上保鲜膜静置，直到糖浆冷却。

3　冷糖浆过滤后果肉即可使用，糖浆与果肉一起放入容器内，冷藏可保存 3~7 天。

组合

清冰 + 柳橙胡萝卜果酱 + 糖浆葡萄柚与新奇士

柳橙胡萝卜果酱
Confiture d'oranges et carottes

柳橙胡萝卜果酱

Confiture d'oranges et carottes

材料

胡萝卜　500 克 (净重)

砂糖　500 克

柠檬汁　50 毫升

新鲜柳橙汁　500 毫升

做法

1　将胡萝卜去皮、切丁，放进蒸笼或蒸烤箱中蒸 5 分钟左右。

2　使用新鲜柳橙，挤出柳橙汁备用。

3　将胡萝卜、柳橙汁、砂糖和柠檬汁一起混合后放入铜锅移至炉火上，以中火煮开，转小火保持滚沸状态，将表面浮沫捞除，直到温度达 103 ℃。

4　将锅内果酱倒入食物调理机中将胡萝卜打成酱，立刻装罐。

5　将果酱放进已预热 105 ℃的蒸烤箱 30 分钟，完成灭菌。

STORY

胡萝卜很容易让人联想到婴儿食品。一年前，长春藤法式餐厅的郑师傅建议我用胡萝卜和柳橙搭配做果酱，我一直把这件事放在心上，前两天郑师傅试吃后说还不错，谢谢郑师傅。

木瓜果泥 + 香草炼乳刨冰
Compote de papayes &
Granité à la vanille

木瓜果泥

Compote de papayes

材料

木瓜　500 克 (净重)

水　50 毫升

砂糖　50 克

柠檬汁　1/2 个柠檬量

无盐奶油　25 克

做法

1　将木瓜削去外皮刮除子，切成小块，将砂糖、水、柠檬汁与木瓜一起放入铜锅，再移至火炉以小火烹煮。

2　要偶尔搅拌锅底，避免烧焦，捞除表面的浮物与气泡，烹煮直到水分几乎收干，将锅移开火炉。

3　马上加入奶油，混合拌匀，留置锅中 5 分钟，再将奶油木瓜放入保鲜盒中冷却，冷藏保存。

组合

清冰 + 木瓜果泥 + 香草炼乳

(香草炼乳做法请参考第 21 页)

Tips

● 木瓜含有丰富的维生素 C、维生素 A 和蛋白质分解酵素。木瓜有高消化性，有助于分解肉类。

● 幼儿 5 个月后就能吃果泥，给幼儿的木瓜果泥不需加任何调味品，只要用汤匙刮碎，让幼儿容易吞咽即可。

● 木瓜树有雌雄之分，唯有雌木瓜树能结实。菲律宾有些修道院门口种有许多木瓜树，据说木瓜有抑制性欲的作用，你相信吗？

单元2

果酱冰淇淋
Glace

冰淇淋Glace ＋ 水果库利Coulis

香甜浓郁的冰淇淋与酸度强劲的水果库利，是甜加酸、互相帮衬的好搭档。库利就是浓缩的水果酱，有画龙点睛的效果，它可以让我们熟悉口味的冰淇淋吃起来有另外一种惊喜！冰淇淋加上水果库利、新鲜水果丁、喜欢的饼干，再撒上脆果仁、最爱的巧克力，就成了独一无二的圣代冰淇淋。

Coulis
小故事

Coulis是法国厨艺的专业名词,它是一种法式酱汁,是用蔬菜或水果做出的甜的或咸的浓稠酱汁。蔬菜coulis经常使用在肉类及菜类中,或是作为酱汁的基底来调配汤品,而水果coulis则是餐厅提供冷甜点中常使用的妙招。

红苹果果酱 + 红石榴库利冰淇淋

Confiture de pommes rouges &
Coulis de grenade & Glace à la vanille

红石榴 库利

Coulis de grenade

材料

红石榴果泥　200 克

砂糖　40 克

吉利丁（gelatin）　4 克

饮用水　24 毫升

做法

1. 吉利丁泡入水中，放入冰箱冷藏备用。
2. 将红石榴与砂糖一起放入锅内，移至火炉上。
3. 以小火溶化砂糖后，移开炉火，吉利丁加入拌匀即可。

组合

香草冰淇淋 + 红苹果果酱 + 红石榴库利

STORY

苹果果酱煮出来原本是金黄色的，好玩的是加上其他果汁便会改变原貌，红色的苹果果酱真叫人分不清到底是不是石榴果酱呢！

红苹果果酱

Confiture de pommes rouges

红苹果果酱

Confiture de pommes rouges

 材料

青苹果　1000 克 (净重)

红葡萄皮　300 克

水　600 毫升

砂糖　500 克

柠檬汁　2 个柠檬量

 做法

1. 将青苹果削去外皮，使用挖子器挖去中心，切成小丁。红葡萄皮放入纱布袋备用。
2. 准备一口铜锅将砂糖与水、柠檬汁先混合，再放入青苹果丁与红葡萄皮纱布袋。
3. 将铜锅移至火炉上，加热一下可以帮助糖溶化。
4. 糖溶化后，转成大火至沸腾，再转成中火持续熬煮，捞除表面的浮物与气泡，约 10 分钟后捞出红葡萄皮纱布袋，熬煮时定时搅拌，以免粘住锅底或烧焦。
5. 持续熬煮直到果酱开始有厚稠感出现，达到果酱的终点温度 103 ℃，待果酱呈现浓稠状后关火，趁热装入果酱罐加盖倒扣。

 STORY

许多人问我哪一种果酱最难做？我觉得是最最最基本的苹果果酱。苹果果酱含有许多果胶，应该是最容易成功的呀！到底困难在哪里？你做一次试试看，就知道我说的是什么了，看似最简单的事往往也是最不容易做好的事。

芒果百香果库利 + 抹茶冰淇淋

Coulis de mangues-fruits de la passion & Glace Mocha

芒果百香果 库利

Coulis de mangues-fruits
de la passion

材料

芒果果泥　150 克

百香果汁　50 毫升

砂糖　40 克

吉利丁　4 克

饮用水　24 毫升

黑橄榄碎　少许

做法

1　取一个小钵，将吉利丁泡入水中，放入冰箱冷藏备用。

2　将芒果果泥与百香果汁、砂糖一起放入锅内，移至火炉上。

3　以小火溶化砂糖后，移开炉火，吉利丁加入拌匀即可。

组合

抹茶冰淇淋 + 芒果百香果库利 + 黑橄榄碎

Tips

加入吉利丁的库利隔天酱汁会变硬，隔水加热一下就能使用了。

STORY

抹茶冰淇淋与黑橄榄会让我想起日本的宇治金时冰品，如果想加上麻薯、地瓜、红豆、汤圆和抹茶果冻，那就更像了。黑橄榄的咸度要先试吃再决定撒多少，将黑橄榄切得非常细碎，和橄榄油混合，假装是松露酱，涂抹在面包上，吃起来有贵气感。

花蜜柠檬果冻 + 巴萨米克醋库利冰淇淋

Gelée au miel-citronnelle &
Coulis au vinaigre balsamique & Glace à
la vanille

花蜜柠檬果冻 Gelée au miel-citronnelle

材料
柠檬汁　1000 毫升
砂糖　800 克
花蜜　60 毫升
苹果果胶　60 克

做法
1. 在铜锅中放入糖、柠檬汁，放在火炉上以大火煮开后，持续以中火滚沸，捞除表面的浮物与气泡，煮时要不定时搅拌，让受热均匀。
2. 持续保持滚沸 30 分钟左右，待锅中的汁液渐渐浓缩，加入果胶、花蜜持续熬煮，直到果冻开始有厚稠感出现，达到果冻的终点温度 105 ℃后关火，趁热装入果酱罐内倒扣。

巴萨米克醋库利 Coulis au vinaigre balsamique

材料
巴萨米克醋　200 毫升
蜂蜜　20 毫升

做法
将巴萨米克醋倒入锅中，以中火浓缩直到原来的 1/3 左右，最后加入蜂蜜，再煮 1 分钟，待醋汁呈浓缩状即可。

组合
香草冰淇淋 + 花蜜柠檬果冻 + 巴萨米克醋库利 + 帕尔马奶酪脆饼

Tips
巴萨米克醋和帕尔马奶酪一样是料理无国界的食材，搭配任何料理和甜点都行。

帕尔马奶酪脆饼 Crumble Parmesan

材料
面粉　100 克
奶油　70 克
帕尔马奶酪（Parmesan cheese）35 克
核桃仁　60 克
盐之花　1 小匙
橄榄油　1 小匙

做法
1. 奶油切小块、帕尔马奶酪刨丝，加入面粉、奶油混合后，再加上核桃仁、盐之花、橄榄油拌匀。
2. 烤箱预热至 180 ℃，将面团分散放在烤盘上。
3. 烤焙期间需开炉翻动面团、将烤盘转头，大约 15 分钟，烤成金黄色即可。

红葡萄果酱 + 樱桃果酱冰淇淋

Confiture de raisins &
Confiture de cerises & Glace à la vanille

樱桃果酱
Confiture de cerises

材料

樱桃　1000 克
柠檬汁　50 毫升
砂糖　500 克
樱桃白兰地 (kirsch)　200 毫升

做法

1. 取一把小刀，对切樱桃，取下核放入纱布袋，樱桃肉与柠檬汁、糖一起混合放入铜锅。
2. 纱布袋与 150 毫升樱桃白兰地一起放入小锅中，移至火炉上以小火煮开，关火。
3. 将铜锅移至火炉上以大火煮开，加入步骤 2 的产物，维持滚沸状态。
4. 其间使用木勺偶尔翻搅锅底避免烧焦，直到锅中的温度达到 107 ℃后关火，再加入 50 毫升樱桃白兰地拌匀，趁热装入果酱罐内倒扣。

Tips

一般果酱煮到 103 ℃关火后，温度还会上升 1~2 ℃，因此当果酱煮到 107 ℃关火后再加入酒，除了可以增加香气外，温度也会降至我们的预期。

组合

香草冰淇淋 + 红葡萄果酱 + 樱桃果酱 + 布里亚萨瓦兰奶酪

布里亚萨瓦兰奶酪 Brillat-Savarin

种类　白霉奶酪
原产地　法国诺曼底（Normandie）
原料乳种　牛奶加奶油
产品乳脂肪量　75%

STORY

布里亚萨瓦兰奶酪与法国美食家布里亚·萨瓦兰同名，微酸又带着浓厚的奶油香气，是一款吃不腻的奶酪，也是咖啡、茶与果酱的最佳搭档。

红葡萄果酱

Confiture de raisins

红葡萄果酱

Confiture de raisins

 材料

红葡萄（无子） 1000 克

柠檬汁 70 毫升

砂糖 500 克

白葡萄酒 200 毫升

 做法

1. 取一口锅，注入足够盖住葡萄的水，移至火炉上以中火煮开，放入红葡萄，烫约 30 秒，将红葡萄捞出放入冷水中。

2. 剥除红葡萄外皮，果皮放入纱布袋，果肉与柠檬汁、糖一起混合放入铜锅。

3. 纱布袋与白葡萄酒一起放入小锅中，移至火炉上以小火煮开，关火。

4. 将铜锅移至火炉上以大火煮开，加入步骤 3 的产物，维持滚沸状态。

5. 其间使用木勺偶尔翻搅锅底避免烧焦，直到锅中的温度达到 103 ℃后关火，捞出纱布袋，趁热装入果酱罐内倒扣。

 STORY

当我做好红葡萄果酱时，也就会忘记处理葡萄皮、葡萄子的耗时和辛苦，何不挑选无子葡萄，不去葡萄皮一样可以做出果酱呀！只是我不想这么做罢了。

和红葡萄果酱相比，做樱桃果酱变得既简单又省事，这样的水果非常适合经常做果酱。

蜂蜜西瓜果酱冰淇淋

Confiture de pastèques au miel & Glace à la vanille

蜂蜜西瓜果酱

Confiture de pastèques au miel

 材料
西瓜　1000 克（净重）
柠檬汁　2 个柠檬量
蜂蜜　100 毫升
砂糖　500 克

 做法

1. 西瓜去皮去子后，加入糖、柠檬汁放入铜锅中。
2. 铜锅移到炉上以大火煮开后，转中小火保持滚沸，捞除表面的浮物与气泡，其间不定时搅拌，保持受热均匀。
3. 当锅中的分量逐渐浓缩减少约 1/3，果肉呈现柔软后持续熬煮，加入蜂蜜，达到果酱的终点温度 103 ℃。
4. 关火后，将 2/3 果酱放入食物调理机，搅碎再倒回锅中（这样可以留住一点果肉，而不会变成西瓜泥），趁热装入果酱罐内。
5. 将果酱罐放入蒸烤箱，105 ℃持续 30 分钟，完成灭菌。

 组合
香草冰淇淋 + 蜂蜜西瓜果酱 + 昂贝圆柱奶酪

Tips
这款西瓜果酱含水量高，可做成像糖浆水果一样。如果想要做的像一般果酱般浓稠，就要先煮西瓜减少水分，或是打成果泥过滤果汁，再根据果肉实际重量调整配方。

昂贝圆柱奶酪 Forum d'Ambert

种类　蓝奶酪（blue cheese）
原产地　法国奥弗涅（Auvergne）
原料乳种　牛奶
产品乳脂肪量　最低 50%

 STORY

在巴黎学习厨艺期间，我曾特别去上了一期的塔、派与三明治课，数十种三明治中，有一款鸭肉奶酪三明治特别好吃，咸咸的蓝纹奶酪，正是昂贝圆柱奶酪，从此也打开我的蓝纹奶酪大门。昂贝圆柱奶酪是蓝纹奶酪的入门款，口味相当温和，适合初次尝试蓝纹奶酪的人，和羊乳做的罗克福尔干酪一样深受蓝纹奶酪行家喜爱。蓝纹奶酪蘸着西瓜果酱，或者淋在冰淇淋上都能吃得很爽。

覆盆子库利 + 马斯卡波尼奶油酱冰淇淋

Coulis de framboises & Crème au mascarpone & Glace à la vanille

覆盆子库利
Coulis de framboises

材料

覆盆子果泥　200 克
砂糖　40 克
吉利丁　4 克
饮用水　24 毫升

做法

1. 将吉利丁泡入水中，放入冰箱冷藏备用。
2. 将覆盆子果泥与砂糖一起放入锅内，移至火炉上。
3. 以小火溶化砂糖后，移开炉火，加入吉利丁拌匀即可。

马斯卡波尼奶油酱 Crème Mascarpone

材料

马斯卡波尼奶酪（Mascarpone cheese）　100 克
蜂蜜　20 毫升
碎黄柠檬皮　1/2 个柠檬量
鲜奶油　100 毫升

做法

1. 将鲜奶油打发至硬性，之后放入冰箱冷藏备用。
2. 取一个大钵放入马斯卡波尼奶酪、蜂蜜，使用打蛋器混合均匀，确定无结块后再将碎黄柠檬皮混合。
3. 鲜奶油取 1/5 先与马斯卡波尼奶酪混合，再拨入 4/5 鲜奶油，持塑料刮刀将两者拌匀。

组合

香草冰淇淋 + 覆盆子库利 + 马斯卡波尼奶油酱 + 巧克力豆

STORY

马斯卡波尼奶酪与苦苦的咖啡、可可是铁三角，组合成人见人爱的甜点提拉米苏。马斯卡波尼奶酪有着香浓滑顺的好滋味，与咖啡、红茶、白兰地超搭，加入饼干、蛋糕、鲜奶油更能丰富甜点的滋味。如果和酸甜强烈的覆盆子携手合作，你想会擦出什么样的火花呢？

芒果香蕉果酱 + 雪莉醋库利冰淇淋

Confiture de mangues-bananes &
Coulis au vinaigre de Xérè &
Glace au chocolat

芒果香蕉 果酱

Confiture de mangues-bananes

材料

芒果　600 克（净重）
香蕉　400 克（净重）
柠檬汁　70 毫升
砂糖　500 克
苹果原汁（不含糖）　100 毫升
香料　豆蔻粉、八角、丁香各少许

做法

1. 香蕉切成小块放入大钵中，加入柠檬汁混合。芒果除外皮、片下果肉，与香蕉一起放入铜锅并加入香料、砂糖与苹果汁。
2. 将铜锅移至火炉上稍微加热，再关上火，等砂糖完全溶化。
3. 重新开炉火，以大火煮开，再转成中小火维持滚沸状态。
4. 其间使用木勺偶尔搅拌锅底避免烧焦。
5. 当温度达到 103 ℃后关火，将香料挑出，趁热装入果酱罐内倒扣。

雪莉醋库利 Coulis au vinaigre de Xérè

材料

雪莉醋　250 毫升
菠萝柠檬皮果酱　1 大匙

做法

醋倒入锅中，以中火浓缩至原来的 1/3 左右，最后加入菠萝柠檬皮果酱，再煮 1 分钟，醋汁呈浓缩状即可。

组合

巧克力冰淇淋 + 芒果香蕉果酱 + 雪莉醋库利 + 帕林内碎糖

Tips

● 雪莉醋：一般使用在料理上口感香浓的雪莉醋，带着微微的香甜与坚果气息，也非常适合做成甜点蘸酱喔！
● 帕林内碎糖 (pralines rouges) 主要成分为糖、杏仁、葡萄糖浆、阿拉伯胶、酸、香草、红色色素，多应用在法式甜点与面包上，如帕林内碎糖重奶油面包。

草莓库利 + 巧克力冰淇淋

Coulis de fraises & Glace au chocolat

草莓库利

Coulis de fraises

材料
草莓果泥　200 克
砂糖　40 克
吉利丁　4 克
饮用水　24 毫升

做法
1. 将吉利丁泡入水中，放入冰箱冷藏备用。
2. 将草莓果泥与砂糖一起放入锅内，移至火炉上。
3. 以小火溶化砂糖后，移开炉火，加入吉利丁拌匀即可。

Tips
- 为何不自己动手做果泥？将 100 克新鲜草莓加 10 克糖放入搅拌机打碎，过滤出果汁后就可以当果泥使用了。
- 草莓果泥一般保存在冷冻室，使用前必须先行解冻。

组合
巧克力冰淇淋 + 草莓库利 + 圣耐克戴尔奶酪 + 帕林内碎糖

圣耐克戴尔奶酪 Saint-Nectaire

种类　半硬质
原产地　法国奥弗涅
原料乳种　牛奶
产品乳脂肪量　最低 45%
包装　绿色椭圆形是农家制造，方形是工厂制造

STORY

在法国圣耐克戴尔是非常普遍的奶酪，没有刺鼻味，比白霉奶酪更好入口，常出现在早餐餐桌或料理入菜。相传塞纳克戴元帅 (Marechal de Sennecterre) 带去献给太阳王路易十四，马上成了他餐桌上的新宠。

糖渍紫芋头 + 桑葚库利冰淇淋

Confits de taro & Coulis de mûres & Glace mangues-fruits de la passion

糖渍 紫芋头
Confits de taro

材料
紫色芋头　2 个
水　200 毫升
砂糖　250 克

做法
1. 将紫色芋头去皮切成小块放入电饭锅内，蒸约 5 分钟，芋头约五成熟就好。
2. 将水与砂糖放入一口小锅中，煮开，再加入芋头，滚沸后将锅马上移开火炉。
3. 趁热装入玻璃罐，芋头和糖浆各占 1/2。

Tips
随着时间增长，芋头会从玻璃罐上方往下沉，体积也一起变大。

桑葚库利 Coulis de mûres

材料
桑葚汁　100 毫升
砂糖　10 克
吉利丁　2 克
饮用水　12 毫升

做法
1. 将吉利丁泡入水中，放入冰箱冷藏备用。
2. 将桑葚汁与砂糖一起放入锅内，移至火炉上。
3. 以小火溶化砂糖后，移开炉火，加入吉利丁拌匀即可。

Tips
若所用浓缩桑葚汁已含糖，可酌减砂糖量。

组合
芒果百香果冰淇淋 + 糖渍紫芋头 + 桑葚库利 + 新鲜猕猴桃

STORY
在台湾，刨冰加上地瓜和芋头，是天经地义又不失流行的口味，换成西式吃法试试，大家会欢迎集时尚（冰淇淋）、养生（紫芋头）、健康（桑葚）于一体的冰品出场。

单元3 果酱格兰尼塔冰沙

Granité à la fourchette

格兰尼塔冰沙Granité à la fourchette ＋
天然果酱Confiture

冰沙没有果肉，加上天然果酱后，让本来入口即化的冰沙也能增加口感。尤其是手工冰沙和手工果酱的调和，感觉就像是果酱在你口中滑雪一般！希望下次你喜欢吃冰沙，都是因为果酱的关系。

法式冰沙Sorbet（雪葩）

法文sorbet，英文sherbet

最早的源头可以追溯到一款在中东很流行的饮料沙尔贝（Cherbet），是一杯糖水加果汁调成的饮料。法式冰沙的发源地是意大利的罗马，它是主要由水、水果(果泥或果汁)加上酒类制作而成的口感类似雪糕的一种甜品，风味强烈。法式冰沙也可以加入牛奶或吉利丁等，制成口感清爽的无油脂或低脂冰淇淋。在高级餐厅的菜单上常看见法式冰沙出现在两道风味截然不同的料理之间，这就是要让冰沙发挥爽口作用。法式冰沙平常在家无法手工制作，需要由专业机器不停搅打来完成。

Granité à la fourchette
小故事

Granité à la fourchette 是一种将液体原料（水、果汁、酒、咖啡、牛奶、醋）+ 糖 + 香料调制而成的冰品。这种半冷冻冰品，冷冻过程中要不时将已结冰部分刮碎刮散，来回数次，直到所有液体都成为冰沙状。格兰尼塔冰沙最早发源于意大利的西西里岛，当地人很流行的吃法是冰沙佐热咖啡。对懂得享受的意大利人来说，把格兰尼塔冰沙搭配布里欧许（brioche）甜面包，绝对是夏天早餐的最佳选择。

 绿番茄果酱 + 香草牛奶格兰尼塔冰沙

Confiture de tomates vertes &
Granité à la vanille

绿番茄果酱　Confiture de tomates vertes

材料
有机绿番茄　1000克（净重）
砂糖　500克
柠檬汁　1个柠檬量

做法
1　将有机绿番茄洗干净，放入滚水中，约5秒后马上放入冰水中，除去外皮，对切后备用。
2　将绿番茄与糖、柠檬汁放入锅中浸渍12小时，至少要让砂糖溶化。
3　将锅内的材料放入铜锅后移至炉火上，以大火煮开，再以中火保持滚沸状态，捞除铜锅周边与表面的浮物与气泡，其间不定时搅拌，以免粘住锅底。
4　当锅中的果肉水分收干有厚稠感出现，温度达到103℃后关火，趁热装入果酱罐内倒扣即可。

Tips
绿番茄是绿色品种的番茄，而不是没有成熟的绿番茄。要注意，一般品种的因未成熟而皮呈现绿色的番茄，可是不能吃的，有可能引起中毒。

香草牛奶格兰尼塔冰沙　Granité à la vanille

材料
牛奶　500毫升
糖　100克
吉利丁　2克
饮用水　12毫升
新鲜香草荚　1/2根

做法
1　将吉利丁折断泡水，放入冰箱冷藏。香草荚取出香草子备用。
2　将牛奶、糖、香草子和荚一起放入锅中，移至火炉上，加热至糖溶化，接近滚沸，将锅移开火炉。
3　将吉利丁放入锅中，溶化拌匀，倒入底部平宽的容器上，放冷。
4　冷却后的容器送入冷冻室，每隔一段时间取出，用叉子将表面结冰层刮碎刮散，来回数次，直到所有液体都成为冰沙状。

Tips
● 不能喝牛奶的可将材料中的牛奶换成豆浆，吃素的人不放吉利丁也行。
● 吉利丁与水溶解的比例是1∶6。泡吉利丁的水一定要使用饮用水，不可使用生水，而溶解吉利丁的温度不超过50℃。
● 传统的格兰尼塔冰沙并不使用吉利丁，但使用吉利丁的好处是可以增加浓稠度、提升盘饰效果。

STORY
提到绿番茄，很多人都能马上连想起一部有名的好电影《油炸绿番茄》，这部讲女性情谊的戏非常感人。邀请三五个女性好友到家里来，一同观赏这部感人落泪的电影，边吃边哭，有甜甜的绿番茄果酱加香草牛奶格兰尼塔冰沙作陪。

新奇士果醬 + 洛神花格蘭尼塔冰沙

Marmelade d'orange & Granité d'hibiscus

新奇士果酱
Marmelade d'orange

材料
新奇士柳橙　1000 克
砂糖　300 克
水　500 毫升
柠檬汁　2 个柠檬量

做法
1. 将新奇士柳橙对切，压出果汁备用，橙皮切去白色内膜。
2. 取一口小锅加入冷水、橙皮，以小火煮开后，取一个过筛网将水滤掉，留住的橙皮再以相同方法煮一次，总共两次，直到橙皮柔软无苦味。
3. 将橙皮切丝与果汁一同放入铜锅中加入水，加热浓缩到原来的一半，加入砂糖与柠檬汁。
4. 大火煮开后，以微火持续熬煮，捞除表面的浮物与气泡，煮时要偶尔搅拌，以免粘住锅底。
5. 当锅内液体已有黏稠度，达到果酱的终点温度 103 ℃后关火，趁热装入果酱罐内倒扣。

洛神花格兰尼塔冰沙　Granité d'hibiscus

材料
水　400 毫升
砂糖　100 克
洛神花　20 克

做法
1. 将所有材料混合放入锅中，加热至开，将锅移开火炉，倒入玻璃容器中。
2. 盖上保鲜膜，静置 3 分钟。
3. 取一个筛网，过滤出洛神花，将液体放入容器中待冷。
4. 冷却后送入冷冻室，每隔一段时间，用叉子将表面结冰层刮散刮碎，来回数次，直到所有液体都成为冰沙状。

焦糖蜂蜜黑白木耳果酱 + 柠檬格兰尼塔冰沙

Confiture de champignons au miel et caramel &
Granité au citron

焦糖蜂蜜黑白木耳果酱

Confiture de champignons au miel et caramel

材料
黑木耳　500 克
白木耳　100 克
砂糖　50 克
蜂蜜　200 毫升

做法
1　将两种木耳分别放入锅中泡冷水，约 4 小时。
2　将两种木耳分别放入电饭锅中，蒸软。
3　将木耳中间的蒂头切除后放入食物调理机，打成细碎几乎成泥状。
4　将砂糖放入锅中，加入少许的水煮成焦糖，再加入蜂蜜一起滚沸，直到香味逸出，马上倒入黑白木耳泥，搅拌均匀后离开炉火，除装罐之外，也可放入容器中，冷却后放入冰箱冷藏。

柠檬格兰尼塔冰沙　Granité au citron

材料
冰糖　80 克
水　200 毫升
吉利丁　2 克
饮用水　12 毫升
柠檬汁　20 毫升
碎柠檬皮　少许
马鞭草（放入纱布袋中）　1 小把

做法
1　取一小碗将吉利丁泡入饮用水，并放入冰箱冷藏备用。
2　将水、冰糖、马鞭草、柠檬汁及碎柠檬皮一起放入锅中，加热至糖溶化，接近滚沸，将锅移开火炉，取出马鞭草纱布袋。
3　将吉利丁放入锅中，溶化拌匀，倒入底部平宽的容器内，放冷。
4　冷却后送入冷冻室，每隔一段时间取出，使用叉子将表面结冰层刮散刮碎，来回数次，直到做成冰沙状。

组合
将焦糖蜂蜜黑白木耳果酱淋在柠檬格兰尼塔冰沙上，凉爽养生苗条的冰品上桌啰！

STORY
我不讨厌木耳，但不会常常吃，银耳当甜品吃，黑木耳炒菜使用。蔡辰男董事长对我说，不妨做做养生果酱系列。这个想法很棒！这次大胆加入养生材料，谢谢蔡董事长给我的建议。

玫瑰花菠萝柠檬果酱 + 苹果酒格兰尼塔冰沙

Confiture d'ananas mariné au thé de roses séchées & Granité au cidre

玫瑰花菠萝柠檬果酱

Confiture d'ananas mariné au thé de roses séchées

材料
黄柠檬　5 个
水　200 毫升
菠萝　800 克 (净重)
砂糖　500 克
干燥玫瑰（放入茶包袋）　30 克

做法
1. 将菠萝去皮去心后切小丁，和玫瑰浸渍至少 8 小时。
2. 准备一锅热水将柠檬放入，煮沸约 5 分钟，直到柠檬表皮呈现胀乎乎的触感，捞出柠檬，可以放入冷水快速降温或者放置一旁，冷却后使用。
3. 将柠檬对切，挤出柠檬汁，选择表皮漂亮的柠檬皮，去除白络，使用冷水用小火煮两次，去除丹宁的苦涩味，再切成大小相仿的条状。
4. 剩下的柠檬皮与白络放入搅拌机打碎，放入小纱布袋中。
5. 将水、柠檬皮、柠檬汁与小纱布袋一起放入铜锅，移至火炉上，以中火浓缩至原来的一半，再加入玫瑰菠萝与砂糖，以大火煮开后，持续以中小火维持滚沸，随时将浮出表面的气泡杂质捞除，直到果酱温度达到 105 ℃后关火，取出纱布袋与茶包袋，便能将果酱装罐。

苹果酒格兰尼塔冰沙　Granité au cidre

材料
水　112 毫升
糖　50 克
苹果酒（cidre）　100 毫升
吉利丁　2 克
水　12 毫升

做法
1. 将吉利丁与水混合后放入冰箱冷藏备用。将所有材料混合后放入锅中，加热至滚沸，将锅移开火炉，再加入苹果酒与吉利丁，盖上保鲜膜，静置 3 分钟。
2. 将锅中的液体倒入容器中待冷。
3. 冷却后连容器送入冷冻室，每隔一段时间取出，用叉子将表面结冰层刮散刮碎，来回数次，直到所有液体都成为冰沙状。

组合
玫瑰花香的菠萝柠檬果酱，佐以苹果酒格兰尼塔冰沙，只要一口就能回味热恋的那份陶醉感！

什么是 cidre？
Cidre 是一种发酵苹果酒，酒精含量 2.5% ~8.5% 不等，书中使用的 cidre 是法国 Bretagne 产的 cidre brut，中文是法国布列塔尼不甜微气泡苹果酒。

STORY
第一次喝 cidre 是在巴黎蓝带求学期间和学姐一起逛超级市场，她给我介绍 cidre de Normandie（诺曼底苹果酒）："喝这种酒的好处很多，第一口味平和，第二不怕喝醉，第三通常不贵，第四甜度不同。"从此，cidre 便成了我们交换彼此心事时不可缺少的饮料。

香草菠蘿芒果果醬 +
草莓马鞭草格兰尼塔冰沙

*Marmelade d'ananas-mangue à la vanille &
Granité à la fraise et verveine odorante*

香草菠萝芒果果酱

Marmelade d'ananas-mangue à la vanille

材料

菠萝　1000克（净重）

砂糖　300克

黄柠檬汁　2个柠檬量

芒果　600克（净重）

香草荚　1根

做法

1. 将菠萝去皮去心后切成大扇形，放入铜锅，以中火煮开，再转小火煮约20分钟或者菠萝汁浓缩至接近收干。
2. 再加入砂糖与柠檬汁、香草荚混合，等候砂糖溶化备用。芒果去皮，切出大片果肉，备用。
3. 芒果核周围的碎果肉以小刀刮干净，放入搅拌机搅碎，与芒果核和果肉一同放入铜锅。
4. 将铜锅移至火炉上以中火煮开，后转中小火保持滚沸，捞除表面的浮物与气泡，煮时要偶尔搅拌，以免粘住锅底。
5. 约30分钟，当锅内液体已有黏稠度，达到果酱的终点温度103℃后关火，将芒果核及香草荚挑出，趁热装入果酱罐内倒扣。

草莓马鞭草格兰尼塔冰沙 Granité à la fraise et verveine odorante

材料

草莓果泥　250克

水　125毫升

砂糖　50克

覆盆子酒　20毫升

马鞭草精油　2滴

做法

1. 草莓果泥须事先解冻至常温再使用。
2. 取一口长柄锅，将水、糖与草莓果泥加入，加热至糖溶化，接近滚沸，加入覆盆子酒后锅移开火炉，最后滴入马鞭草精油拌匀。
3. 盖上保鲜膜5分钟后，倒入底部平宽的容器内，放冷。
4. 冷却后送入冷冻室，每隔一段时间取出，用叉子将表面结冰层刮散刮碎，来回数次，直到做成冰沙状。

STORY

法国主厨常常说，"不知道是什么就吃吃看"，Verveine这个法文字我看不懂，最好的方法就是主动去认识它，一开罐马上有一股浓厚的柠檬香气冲出来，后来查字典才知道这是马鞭草。柠檬马鞭草是南美洲植物，叶片的柠檬香气来自柠檬醛，这也是柠檬香茅的风味成分。若没有马鞭草香精，也可以使用柠檬香茅、少许芫荽或柠檬来增加香气。

哈密瓜果酱 + 番茄格兰尼塔冰沙

Confiture de melon & Granité de tomates

哈密瓜果酱
Confiture de melon

材料
哈密瓜　500 克（净重）
砂糖　200 克
柠檬汁　20 毫升

做法
1. 将哈密瓜去皮后，挖除内子，将果肉切成小丁后放入铜锅中与砂糖、柠檬汁混合。
2. 铜锅移至火炉上以大火煮开后，转成中火并持续保持滚沸状态，捞除表面的浮物与气泡，煮时要不定时搅拌，以免粘住锅底。
3. 当锅内液体已有黏稠度，持续熬煮 10 分钟，直到果酱开始有厚稠感出现，达到果酱的终点温度 103 ℃后关火，趁热装入果酱罐内倒扣。

番茄格兰尼塔冰沙　Granité de tomates

材料
圣女果　1000 克
番茄汁　300 毫升
砂糖　40 克

做法
第一天
1. 将圣女果洗干净，放入食物调理机研磨碎后放入纱布袋中，高挂约 8 小时慢慢滤出番茄汁。

第二天

2. 将所有材料混合放入锅中，加热至滚沸，将锅移开火炉，盖上保鲜膜，静置 3 分钟。
3. 将锅中的液体倒入平宽容器中待冷。
4. 冷却后连容器送入冷冻室，每隔一段时间取出，用叉子将表面结冰层刮散刮碎，来回数次，直到所有液体都成为冰沙状。

波特酒库利
Coulis au porto

材料
波特酒（porto）　250 毫升
碎绿柠檬皮　少许
碎黄柠檬皮　少许
碎柳橙皮　少许
砂糖　20 克

做法
1. 将上述材料全部放入锅中，移至火炉上以小火煮开。
2. 浓缩至原来的 1/2，待酱汁已成浓稠状，离火冷却备用。

枸杞苹果果酱 + 绿茶格兰尼塔冰沙

Gelée de baies de goji & Granité au thé vert

枸杞苹果果酱

Gelée de baies de goji

材料

青苹果　1000 克
饮用水　适量
枸杞　100 克
砂糖　400 克
覆盆子酒　200 毫升

做法

1. 将青苹果洗干净，去蒂，切小片约 16 片放入铜锅中，加入饮用水约苹果高度的一半。
2. 铜锅移至火炉上，以中小火将苹果煮到松软透明。
3. 取一只筛网加上纱布，将苹果汁滤出备用。
4. 枸杞洗干净后泡入热水约 5 分钟，沥干水分备用。
5. 取 300 毫升苹果汁、砂糖与覆盆子酒放入铜锅，以中大火煮至温度达到 117 ℃，其间不时将表面浮物或气泡捞除，最后放入枸杞，拌匀关火，趁热装罐后倒扣。

绿茶格兰尼塔冰沙　Granité au thé vert

材料

水　250 毫升
冰糖　50 克
绿茶粉　5 克
新鲜绿茶　10 毫升

做法

1. 将所有材料放入锅内，加热至滚沸，将锅移开火炉，盖上保鲜膜，静置 3 分钟。
2. 取一个筛网过筛后，液体放入容器中待冷。
3. 冷却后连容器送入冷冻室，每隔一段时间取出，用叉子将表面结冰层刮散刮碎，来回数次，直到所有液体都成为冰沙状。

组合

绿茶格兰尼塔冰沙加上枸杞苹果果酱，来一碗东方食材西式吃法，冰凉畅快又养生。

STORY

若喜欢红枣、仙草、银耳或杏仁，不妨都可以加进来，创造出风味独特的养生冰品。

菠萝玉荷包格兰尼塔冰沙

Granité aux ananas-litchis

菠萝玉荷包

Granité aux ananas-litchis

格兰尼塔冰沙

材料

菠萝　1000 克 (净重)

玉荷包　300 克 (净重)

饮用水　少许

砂糖　110 克

荔枝酒　20 毫升

做法

1　将菠萝皮和表面的钉眼一同削掉、去心，果肉切成小块，玉荷包剥皮去子取果肉。

2　将两者放入食物调理机研磨碎后，滤网上面铺放纱布，将菠萝玉荷包果汁慢慢滤出。

3　取 700 克菠萝玉荷包果汁放入锅中，加入砂糖，移至火炉上，以中火煮开后加入荔枝酒，将锅移开火炉，包上保鲜膜，静置 5 分钟。

4　将液体倒入底部平宽的容器内，放冷。

5　冷却后送入冷冻室，每隔一段时间取出，用叉子将表面结冰层刮散刮碎，来回数次，直到做成冰沙状。

Tips

把一大堆菠萝心丢掉真的有点可惜，但并非人人爱吃，该怎么办呢？可以使用搅拌机搅碎后放入纱布袋中与果酱一起煮，增加风味，菠萝心还可以拿来煮汤增加甜味。

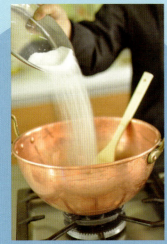

单元4 ● 果酱冰饮
Boisson

冰饮 Boisson ＋
柑橘类果酱 Marmelade

Marmelade是柑橘类果酱。这类果酱通常都是酸味十足，冲泡茶的使用量不必多，就能带出十足柑橘的香味。使用自己煮的柑橘类果酱泡茶点，比起买来的法式调味茶，更有自己独特的风格。

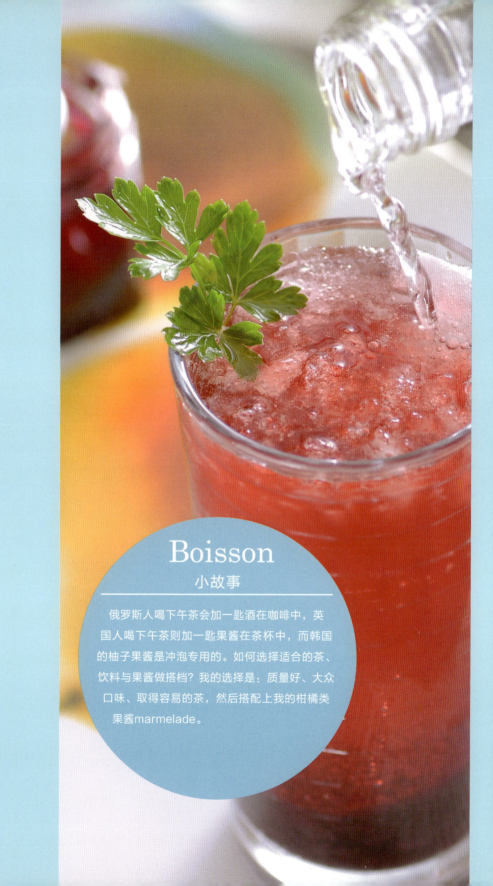

Boisson

小故事

俄罗斯人喝下午茶会加一匙酒在咖啡中,英国人喝下午茶则加一匙果酱在茶杯中,而韩国的柚子果酱是冲泡专用的。如何选择适合的茶、饮料与果酱做搭档?我的选择是:质量好、大众口味、取得容易的茶,然后搭配上我的柑橘类果酱marmelade。

苹果果泥 + 大吉岭冰红茶

Compote de pommes & Thé Darjeeling

苹果果泥
Compote de pommes

材料
- 苹果　5 个
- 糖　100 克
- 柠檬汁　1/2 个柠檬量
- 覆盆子酒　50 毫升
- 苹果酒（calvados）　50 毫升
- 饮用水　适量

做法
1. 将苹果去皮去核，切成薄片与柠檬汁混合备用。
2. 将苹果片、水、覆盆子酒和糖一起放入锅中，移至火炉上，以小火煮开，其间不定时搅拌锅底，避免烧焦，待水分收干，苹果片呈柔软、金黄且透明状，趁热倒入苹果酒，稍微搅拌让苹果吸收，马上关火，将锅移开，冷却备用。

酸苹果汁 Jus de pommes acide

材料
- 青苹果　2 个
- 水　少量
- 柠檬汁　1 个柠檬量
- 盐之花　2 小撮
- 苹果酒 (calvados)　1 汤匙

做法
1. 将苹果洗干净，切小块后加入少量水、柠檬汁一起放入锅中。
2. 移至火炉上，以小火煮开，待苹果煮至软透时加入苹果酒与盐之花调味。
3. 取一个筛网将苹果汁沥出，冷却后放入瓶中备用。

大吉岭冰红茶 Thé Darjeeling

将 2 大匙大吉岭红茶叶、适量果糖与一大把新鲜薄荷一起煮成茶，放凉后冷藏备用。

组合

将苹果果泥与大吉岭冰红茶混合在杯子内，加入酸苹果汁，再撒些许豆蔻粉即大功告成。

Tips

红茶的甜度虽以自己口味为主，但别忘了苹果果泥已有甜度，所以要以整体的甜味来衡量。果糖的甜度比砂糖高，热度会减少甜味，宜待果糖溶解后，先试吃再决定加入量的多寡。

柳橙皮红肉柚皮果酱 + 摩洛哥薄荷冰茶

Marmelade d'orange et pamplemousse rouge
& Thé à la menthe marocain

柳橙皮红肉柚皮果酱

Marmelade d'orange et pamplemousse rouge

材料

新奇士柳橙　1000 克
红肉葡萄柚　1000 克
砂糖　600 克
水　500 毫升
柠檬汁　2 个柠檬量

做法

第一天

1. 新奇士柳橙与红肉葡萄柚对切，压出果汁备用。将橙皮与柚皮内的白色内膜切除后保留外皮。
2. 取一口小锅，将冷水、橙皮、柚皮一起放入，移至火炉上以小火煮开后，取一个筛网将热水滤掉，橙皮、柚皮再以相同方法煮一次，总共三次，直到柚皮、橙皮柔软无苦味为止。
3. 将橙皮、柚皮切细丝与果汁一同放入锅中加入水，以中火浓缩到原来的一半，加入砂糖与柠檬汁。

第二天

4. 将锅移至火炉上，以大火煮开后再以微火持续熬煮，捞除表面的浮物与气泡，煮时要偶尔搅拌，以免粘住锅底。
5. 当锅内液体已有黏稠度，达到果酱的终点温度 105 ℃后关火，趁热装入果酱罐内倒扣。

摩洛哥薄荷冰茶 Thé à la menthe marocain

用热开水泡开摩洛哥薄荷茶，放凉后冷藏备用。

组合

这款带点苦味的果酱和清凉祛火的摩洛哥薄荷茶一起喝，火气再大都不怕喔！

蜂蜜柳橙葡萄柚果酱 + 伯爵冰茶

Marmelade d'orange au miel de pamplemousse & Thé Earl Grey

蜂蜜柳橙葡萄柚果酱

Marmelade d'orange au miel de pamplemousse

材料

柳橙　1000克
葡萄柚　1000克
砂糖　700克
冷水　适量
水　500毫升
柠檬汁　2个柠檬量
蜂蜜　100毫升

做法

1. 柳橙对切，压出果汁备用，果皮的白色内膜切除后保留外皮。
2. 取一口小锅放入冷水及橙皮，以小火煮开后，取一个筛网将水滤掉留住橙皮，用相同方法再煮一次，总共两次，直到橙皮柔软且无苦味。
3. 将皮切丝与果汁一同放入铜锅中加入水，加热浓缩到原来的一半，加入砂糖与柠檬汁。
4. 取出葡萄柚果肉，加入铜锅中，移到火炉上。
5. 以大火煮开后，以中火持续熬煮，捞除表面的浮物与气泡，煮时要偶尔搅拌，以免粘住锅底。
6. 当锅内液体已有黏稠度，加入蜂蜜，达到果酱的终点温度105℃后关火，趁热装入果酱罐内倒扣。

伯爵冰茶 Thé Earl Grey

用热水泡开伯爵茶，放凉后冷藏备用。

组合

伯爵冰茶带有柠檬柑橘香，再加上蜂蜜柳橙葡萄柚果酱别有风味。炎夏如果想吃顿清爽的午餐，少不了这样的消暑饮品喔！

菠萝番红花果酱 + 柳橙气泡水冰饮

Confiture d'ananas au safran &
Eau pétillante à l'orange

菠萝番红花果酱

Confiture d'ananas au safran

 材料

菠萝　1000g（净重）

砂糖　500克

黄柠檬汁　2 个黄柠檬量

番红花　5克（净重）

苹果果胶　200 克

 做法

1　将菠萝皮和表面的钉眼一同削掉、去心，果肉切成小丁放入铜锅，以中火煮开，再转小火煮约 20 分钟，直到菠萝汁浓缩至接近收干。

2　再加入砂糖与柠檬汁混合，等候砂糖溶化。

3　以中火煮开，后转中小火保持滚沸，捞除表面的浮物与气泡，煮时要偶尔搅拌，以免粘住锅底。

4　约 30 分钟将苹果果胶加入，当锅内液体已有黏稠度，达到果酱的终点温度 103 ℃后关火，每一罐果酱放入两丝番红花，趁热装入果酱罐内倒扣。

 组合

先放果酱入杯中，再倒入柳橙气泡水（气泡水可在超市或网店购买），番红花轻轻染红了菠萝。请饮下这一杯美丽！

 STORY

我很喜欢看装在瓶子内一丝一丝的番红花，像是会跳舞的精灵。在厨房，不管是谁，只要提到番红花最后都会补上一句"这东西很贵"，因为番红花是世界上最贵的香料，但我从来都不会把价钱和番红花联系在一起，只想到番红花装饰果酱会有多漂亮。

蓝莓果酱 + 阿萨姆冰红茶

Confiture de myrtilles & Thé assam

蓝莓果酱

Confiture de myrtilles

 材料

蓝莓　1000 克

砂糖　500 克

柠檬汁　1 个柠檬量

白兰地　50 毫升

 做法

1　将蓝莓洗干净，放入大钵中，加入糖及柠檬汁，包上保鲜膜放置冰箱浸渍至少 4 小时，待糖溶化。

2　将大钵中的蓝莓放入铜锅，移到火炉上以大火煮开后，持续以中火保持滚沸，捞除表面的浮物与气泡，煮时要不定时搅拌，以免粘住锅底。

3　30 分钟左右，锅中的水分已经浓缩，果肉变成熟软，持续烹煮直到果酱开始有厚稠感出现，达到果酱的终点温度 103 ℃后关火，加入白兰地，稍为混合一下并趁热装入果酱罐内倒扣。

阿萨母冰红茶　Thé assam

用热开水泡开阿萨母红茶，放凉后冷藏备用。

 组合

将阿萨母冰红茶里加入蓝莓果酱再放入冰块，天然蓝莓冰红茶比调味茶着实多了一份清香水果的纯真感。

 STORY

我很少做蓝莓果酱，因为太昂贵了。在饭店工作的那段时间，本来就常加班，为了做手工果酱，唯有利用休假回来，不过我最快乐的事便是饭店全天以自助餐方式供应手工果酱。

有一天，我在冰箱找到两大箱新鲜蓝莓，原来是贴心的同事要给我做果酱用的，我开心得差点没掉出眼泪来！蓝莓天然的香气浓烈甜酸，我想，那一阵子吃到手工蓝莓果酱的人，这辈子应该不会想再吃人工香料香精堆出来的蓝莓果酱吧！

菠萝玫瑰花瓣果酱 + 锡兰冰红茶

Confiture d'ananas à la vanille avec des pétales de rose & Thé de Ceylan

菠萝玫瑰花瓣果酱

Confiture d'ananas à la vanille avec des pétales de rose

材料

菠萝
菠萝　2000 克（净重）
砂糖　600 克
黄柠檬汁　2 个黄柠檬量
苹果果胶　100 克

玫瑰
玫瑰花瓣　300 克
热水　1 升
苹果果胶　100 克
砂糖　600 克
黄柠檬汁　2 个黄柠檬量

做法

第一天

1. 将新鲜玫瑰花瓣洗干净（至少洗三次），铺平晾一夜。

第二天

2. 将菠萝皮及表面的钉眼一同削掉、去心，切成小丁放入铜锅，移至火炉上，加入砂糖与柠檬汁，以大火煮开后，持续以中小火维持滚沸，随时将浮出表面的气泡、杂质捞除，加入苹果果胶，直到果酱温度达到 105 ℃后关火，将果酱装罐至半满。

3. 将花瓣切细碎，加入糖与柠檬汁与热水浸泡约 30 分钟。

4. 将花瓣放入铜锅，移至火炉上，以大火煮开，再转中火持续维持滚沸，其间捞除表面的浮物与气泡，当花瓣已柔软，分量也浓缩减少 1/3 时加入苹果果胶，煮至 103 ℃关火。

双果酱装瓶法

1. 先将菠萝果酱装入，冷却后再加入玫瑰花瓣果酱，拧紧瓶盖。

2. 准备一个大的汤锅，水煮至滚沸，将果酱罐放入滚水中，煮 30 分钟。

锡兰冰红茶 Thé de Ceylan

用热开水泡开锡兰红茶，放凉后冷藏备用。

组合

双色果酱加上锡兰冰红茶，一层层美丽的色彩，好像一杯鸡尾酒！

李子果酱 + 柠檬气泡水冰饮

Confiture de prunes & Eau gazeuse du citron

李子果酱

Confiture de prunes

 材料

李子　1000 克 (净重)

柠檬汁　1 个柠檬量

樱桃白兰地 (kirsch)　100 毫升

砂糖　500 克

 做法

第一天

1. 将李子洗干净，对切去核，将果肉切大块，与糖、柠檬汁及樱桃白兰地一起放入锅中，放入冰箱冷藏，腌渍一夜。

第二天

2. 将步骤 1 产物放入一口铜锅，将铜锅移到火炉上以大火煮开后，持续以中火滚沸，捞除表面的浮物与气泡，其间不定时搅拌，以免粘住锅底。

3. 当锅中的分量逐渐减少 1/3，酱汁渐渐浓缩，果肉也透明熟软时持续熬煮，直到果酱开始有厚稠感出现，达到果酱的终点温度 103 ℃后关火，趁热装入果酱罐内倒扣。

 组合

先将一大匙李子果酱放进杯子内，再加入冰块，最后倒入柠檬气泡水，好喝的饮料就此诞生。

 STORY

李子保留果皮且将果肉切成大块制作成的李子果酱，与柠檬气泡水搭配时，不至于看起来像一坨掉进水中的酱糊，除了搭配饮料，还可以涂抹吐司。利用夏天时间你可以尝试自己动手做，看看哪一种果酱 + 气泡水才是你的最爱喔！

水果配对——漂亮的双色果酱

双味及双色果酱给制作手工果酱带来了其乐无穷的变化，但我觉得超过两种以上水果混合不是好事，因为太多口味的混合难免会模糊掉水果原味。

对水果的喜爱因人而异，运用两种水果作搭配，有几点原则：

门当户对：口感相配的两种水果，如：苹果与甜桃，荔枝与玫瑰。

色彩相近：水果的颜色属于同一色系，如：芒果与菠萝。

色彩相反：反差大的色系，如：覆盆子与开心果，洛神花果冻与白色火龙果果酱。

外观协调：让水果有视觉吸引力。

多层次感：运用颜色透明度产生层次感，如：草莓果酱＋李子果酱＋红葡萄果冻，苹果果冻＋覆盆子果冻。

调味加分：香气的调和与互补，如：柠檬与猕猴桃，胡萝卜与柳橙。

凸显质感：以果肉的质感与口感来决定层次高低，如：菠萝果酱上面搭配玫瑰花瓣，猕猴桃果酱上面搭配草莓果冻。

香醇浓郁：红茶、绿茶或是酒类的风味与颜色的运用，能帮助果酱添加风味，使用前也须周详考虑。

红绿两色：红色水果如草莓，绿色水果如猕猴桃和绿柠檬，在加热的过程中都会产生褐变、退色，铜锅能使红色水果保持色泽，草莓加入覆盆子、红醋栗就能避免色变成粉红色草莓果酱，或是加入草莓果泥也能达到保色效果。绿色水果如猕猴桃，可以适当加入绿色哈密瓜或者黄金猕猴桃来调整色泽，当然也可以运用青苹果果泥调整。

制作双层果酱的诀窍

制作双层果酱顺序：下层果酱宜煮得浓稠些，装入玻璃瓶中后，等待冷却表面凝固期间，可以动手做上层果酱，上层果酱装入后，盖紧瓶盖。

双层果酱灭菌法：

1.将瓶子放入蒸烤箱，设定105℃蒸烤30分钟。
2.放入一般烤箱隔水加热至170℃，30分钟。

果胶的保存期为多久？
大量做好的果胶，分装成小份，保存在冷冻室，分次使用，冷冻期可达6个月。

煮苹果果胶是否要带果皮？
果皮含有丰富果胶，若不想去除果皮，但担心果皮蜡的问题，可以购买有机无毒的苹果，或是改用柑橘类水果制作果胶。

果胶使用的量如何确定？
使用果胶含量低的水果制作果酱，添加果胶时，只要使果酱具凝固性即好，分量的斟酌要视个人喜好及滚煮的状况；判断时别忘了，果酱热时呈稀、软状，冷却后呈稠、硬状。

甜度低的果酱保存期为多久？
若果酱含糖量低于30%，如糖煮果泥 compote、水果库利 coulis，以及 30 °Bé 以下的糖渍水果 confit，保存期为短期（3～5天），且无论开罐与否皆需冷藏保存。

甜度中等的果酱保存期为多久？
若果酱的甜度中等，如：果酱含糖量50%的天然果酱 confiture、柑橘类果酱 marmelade，以及30 °Bé以上的糖浆水果 sirop de fruit，置于常温室内15 ℃以下，无日晒阴凉通风处，且装罐过程无污染，保存期为中期（3个月），开罐后冷藏时间则不超过1个月。

甜度高的果酱保存期为多久？
果酱含糖量 60%以上的天然果酱 confiture、柑橘类果酱 marmelade，置于常温室内 15 ℃以下，无日晒阴凉通风处，且灭菌、装罐过程无污染，则可以长期保存（1年）。开罐后冷藏时间 1 个月是最佳赏味期。

为何果酱一定要灭菌消毒？
存在于自然界与落尘中的仙人掌杆菌，若果酱受到其污染会产生腹泻。灭菌消毒的方法是容器与盖子、漏斗、勺子煮沸，果酱趁热马上装入容器中（约九成满），放入滚水中灭菌消毒30分钟。

本书中文简体版于2012年经四块玉文化有限公司授权由河南科学技术出版社在中国大陆独家出版发行。

版权所有，翻印必究

著作权合同登记号：图字16—2012—060

图书在版编目（CIP）数据

冰食纪：台式冰品遇见法式果酱，蓝带甜点师的纯手工冰点 / 于美瑞著 . —郑州：河南科学技术出版社，2013.7
ISBN 978-7-5349-6308-7

Ⅰ. ①冰… Ⅱ. ①于… Ⅲ. ①果酱-制作②饮料-冷冻食品-制作 Ⅳ. ① TS255.43 ② TS277

中国版本图书馆CIP数据核字（2013）第092519号

出版发行：河南科学技术出版社
地址：郑州市经五路66号　邮编：450002
电话：(0371) 65737028　65788613
网址：www.hnstp.cn

策划编辑：李迎辉
责任编辑：司　芳
责任校对：张小玲
封面设计：张　伟
责任印制：张艳芳

印　　刷：北京盛通印刷股份有限公司
经　　销：全国新华书店
幅面尺寸：170 mm×235 mm　印张：7.5　字数：250千字
版　　次：2013年7月第1版　2013年7月第1次印刷
定　　价：32.00元

如发现印、装质量问题，影响阅读，请与出版社联系。